高等职业教育园林工程技术专业教学基本要求

高职高专教育土建类专业教学指导委员会
规划园林类专业分指导委员会 编制

U0376494

中国建筑工业出版社

图书在版编目(CIP)数据

高等职业教育园林工程技术专业教学基本要求/高职高专教
育土建类专业教学指导委员会规划园林类专业分指导委员会
编制. —北京：中国建筑工业出版社，2013
ISBN 978-7-112-15043-4

Ⅰ. ①高… Ⅱ. ①高… Ⅲ. ①园林-工程施工-高等职
业教育-教学参考资料 Ⅳ. ①TU986.3

中国版本图书馆 CIP 数据核字（2013）第 009588 号

责任编辑：朱首明 杨 虹
责任设计：李志立
责任校对：肖 剑 关 健

高等职业教育园林工程技术专业教学基本要求

高职高专教育土建类专业教学指导委员会
规划园林类专业分指导委员会 编制

*

中国建筑工业出版社出版、发行(北京西郊百万庄)
各地新华书店、建筑书店经销
北 京 红 光 制 版 公 司 制 版
北京同文印刷有限责任公司印刷

*

开本：787×1092 毫米 1/16 印张：3¼ 字数：76 千字
2013 年 7 月第一版 2013 年 7 月第一次印刷
定价：**12.00** 元
ISBN 978-7-112-15043-4
(23141)

土建类专业教学基本要求审定委员会名单

主　任：吴　泽

副主任：王凤君　袁洪志　徐建平　胡兴福

委　员：（按姓氏笔划排序）

丁夏君　马松雯　王　强　危道军　刘春泽

李　辉　张朝晖　陈锡宝　武　敬　范柳先

季　翔　周兴元　赵　研　贺俊杰　夏清东

高文安　黄兆康　黄春波　银　花　蒋志良

谢社初　裴　杭

出　版　说　明

近年来，土建类高等职业教育迅猛发展。至 2011 年，开办土建类专业的院校达 1130 所，在校生近 95 万人。但是，各院校的土建类专业发展极不平衡，办学条件和办学质量参差不齐，有的院校开办土建类专业，主要是为满足行业企业粗放式发展所带来的巨大人才需求，而不是经过办学方的长远规划、科学论证和科学决策产生的自然结果。部分院校的人才培养质量难以让行业企业满意。这对土建类专业本身的和土建类专业人才的可持续发展，以及服务于行业企业的技术更新和产业升级带来了极大的不利影响。

正是基于上述原因，高职高专教育土建类专业教学指导委员会（以下简称"土建教指委"）遵从"研究、指导、咨询、服务"的工作方针，始终将专业教育标准建设作为一项核心工作来抓。2010 年启动了新一轮专业教育标准的研制，名称定为"专业教学基本要求"。在教育部、住房和城乡建设部的领导下，在土建教指委的统一组织和指导下，由各分指导委员会组织全国不同区域的相关高等职业院校专业带头人和骨干教师分批进行专业教学基本要求的开发。其工作目标是，到 2013 年底，完成《普通高等学校高职高专教育指导性专业目录（试行）》所列 27 个专业的教学基本要求编制，并陆续开发部分目录外专业的教学基本要求。在百余所高等职业院校和近百家相关企业进行了专业人才培养现状和企业人才需求的调研基础上，历经多次专题研讨修改，截至 2012 年 12 月，完成了第一批 11 个专业教学基本要求的研制工作。

专业教学基本要求集中体现了土建教指委对本轮专业教育标准的改革思想，主要体现在两个方面：

第一，为了给各院校留出更大的空间，倡导各学校根据自身条件和特色构建校本化的课程体系，各专业教学基本要求只明确了各专业教学内容体系（包括知识体系和技能体系），不再以课程形式提出知识和技能要求，但倡导工学结合、理实一体的课程模式，同时实践教学也应形成由基础训练、综合训练、顶岗实习构成的完整体系。知识体系分为知识领域、知识单元和知识点三个层次。知识单元又分为核心知识单元和选修知识单元。核心知识单元提供的是知识体系的最小集合，是该专业教学中必要的最基本的知识单元；选修知识单元是指不在核心知识单元内的那些知识单元。核心知识单元的选择是最基本的共性的教学要求，选修知识单元的选择体现各校的不同特色。同样，技能体系分为技能领域、技能单元和技能点三个层次组成。技能单元又分为核心技能单元和选修技能单元。核心技能单元是该专业教学中必要的最基本的技能单元；选修技能单元是指不在核心技能单元内的那些技能单元。核心技能单元的选择是最基本的共性的教学要求，选修技能单元的选择体现各校的不同特色。但是，考虑到部分院校的实际教学需求，专业教学基本要求在附录 1《园林工程技术专业教学基本要求实施示例》中给出了课程体系组合示例，可供有关院校参考。

第二，明确提出了各专业校内实训及校内实训基地建设的具体要求（见附录 2），包括：实训项目及其能力目标、实训内容、实训方式、评价方式，校内实训的设备（设施）配置标准和运行管理要求，实训师资的数量和结构要求等。实训项目分为基本实训项目、选择实训项目和拓展实训项目三种类型。基本实训项目是与专业培养目标联系紧密，各院校必须开设，且必须在校内完成的职业能力训练项目；选择实训项目是与专业培养目标联系紧密，各院校必须开设，但可以在校内或校外完成的职业能力训练项目；拓展实训项目是与专业培养目标相联系，体现专业发展特色，可根据各院校实际需要开设的职业能力训练项目。

受土建教指委委托，中国建筑工业出版社负责土建类各专业教学基本要求的出版发行。

土建类各专业教学基本要求是土建教指委委员和参与这项工作的教师集体智慧的结晶，谨此表示衷心的感谢。

高职高专教育土建类专业教学指导委员会

2012 年 12 月

前　言

　　《高等职业教育园林工程技术专业教学基本要求》是根据教育部《关于委托各专业类教学指导委员会制（修）定"高等职业教育专业教学基本要求"的通知》（教职成司函【2011】158 号）和住房和城乡建设部的有关要求，在高职高专教育土建类专业教学指导委员会的组织领导下，由规划园林类专业分指导委员会编制完成。

　　本教学基本要求编制过程中，对职业岗位、专业人才培养目标与规格，专业知识体系与专业技能体系等开展了广泛调查研究，认真总结实践经验，经过广泛征求意见和多次修改而定稿。本要求是高等职业教育园林工程技术专业建设的指导性文件。

　　本教学基本要求主要内容是：专业名称、专业代码、招生对象、学制与学历、就业面向、培养目标与规格、职业证书、教学内容与标准、专业办学基本条件和教学建议、继续专业学习深造建议；及 2 个附录，即"园林工程技术专业教学基本要求实施示例"，"高职高专教育园林工程技术专业校内实训及校内实训基地建设导则"。

　　本教学基本要求适用于以普通高中毕业生为招生对象、三年学制的园林工程技术专业，教育内容包括知识体系和技能体系，倡导各学校根据自身条件和特色构建校本化的课程体系，课程体系应覆盖知识/技能体系的知识/技能单元，尤其是核心知识/技能单元，倡导工学结合、理实一体的课程模式。

　　主　编　单　位：浙江建设职业技术学院

　　参　编　单　位：江苏农林职业技术学院　深圳职业技术学院

　　主要起草人员：徐哲民　周劲松　周兴元　刘学军

　　主要审查人员：丁夏君　裴　航　李伟国　何向玲　刘小庆　甘翔云　张　华

　　　　　　　　　肖利才　陈　芳　高　卿　崔丽萍　解万玉

　　专业指导委员会衷心地希望，全国各有关高职院校能够在本文件的原则性指导下，进行积极的探索和深入的研究，为不断完善园林工程技术专业的建设与发展作出自己的贡献。

高职高专教育土建类专业教学指导委员会

规划园林类专业分指导委员会　丁夏君

目　　录

高等职业教育园林工程技术专业
教学基本要求

1 专业名称

园林工程技术

2 专业代码

560106

3 招生对象

普通高中毕业生

4 学制与学历

三年制专科

5 就业面向

5.1 就业职业领域

园林设计公司、园林工程建设施工企业、园林绿化行政管理部门和园林养护公司。

5.2 初始就业岗位群

园林设计员、园林施工员和园林绿化管理员。

5.3 发展或晋升岗位群

发展岗位为造价员、资料员、材料员、安全员等。在工作 5～8 年获得一定工作经验（进修）后，职业发展目标为景观设计师、建造师、造价师和监理工程师等。

6 培养目标与规格

6.1 培养目标

培养热爱园林绿化事业，具有甘于奉献、独立思考、实事求是精神，掌握园林工程技术专业必备的文化知识和专业知识技能，具备从事园林规划设计与工程施工管理人员的基本素质，能够从事园林工程设计、施工管理、绿化养护、工程造价、资料管理、材料管理等工作岗位的高级技术技能人才。

6.2 人才培养规格

1. 毕业生具备的基本素质

热爱中国共产党、热爱祖国、拥护党的基本路线和改革开放的政策，事业心强，有奉献精神；具有正确的世界观、人生观、价值观，遵纪守法，为人诚实、正直、谦虚、谨慎，具有良好的职业道德和公共道德。

具有专业必需的文化基础，具有良好的文化修养和审美能力；知识面宽，自学能力强；能用得体的语言、文字和行为表达自己的意愿，具有社交能力和礼仪知识；有严谨务实的工作作风。

拥有健康的体魄，能适应岗位对体能的要求；具有健康的心理和乐观的人生态度；朝气蓬勃，积极向上，奋发进取；思路开阔、敏捷，善于处理突发问题。

具有从事专业工作所必需的专业知识和能力；具有创新精神、自觉学习的态度和立业创业的意识，具备一定的人员组织和管理能力，初步形成适应社会主义市场经济需要的就业观和人生观。

2. 毕业生具备的知识

（1）具有园林植物分类与识别知识；

（2）具有园林规划设计知识；

（3）具有园林建筑设计知识；

（4）具有园林工程设计知识；

（5）具有设计方案效果表现技法等知识；

（6）具有园林工程施工知识；

（7）具有园林工程施工组织与管理知识；

（8）具有园林植物栽培与养护知识。

3. 毕业生具备的能力

（1）能够进行园林植物配置设计、园林建筑小品设计、园路广场设计、地形改造、假山设计、园林水景、园林给排水等方案设计和施工图设计。

（2）能够进行园林工程项目投标书的编制、施工组织管理方案制订、园林工程现场施工技术指导、竣工图绘制及竣工资料汇编等。

(3) 能够进行园林植物的栽培和养护管理。

4. 职业态度

(1) 具有吃苦耐劳、艰苦奋斗的精神，遵守相关法律法规、标准和管理规定；

(2) 爱岗敬业、精益求精、积极向上、勇于创新；

(3) 严谨务实，团结协作，具有良好的职业操守。

7 职业证书

至少应获取一门职业资格证书。

设计员：CAD绘图员资格证；Adobe Photoshop资格证；景观设计师（三级）。

施工员：园林施工员证书；园林绿化工证书；测量员资格证书。

8 教育内容与标准

8.1 专业教育内容体系框架

高职园林工程技术专业的教学内容设置，紧密结合园林设计、园林施工、园林管理岗位的需求，引入园林行业技术标准、规范，以园林工作过程系统化构建专业教学内容体系。在基础知识储备、职业技能训练、专业综合素质培养方面突出职业性教育，采用校企合作、工学结合的人才培养模式。该教学内容的建构要点包括如下四个层面。

(1) 教学内容的教学目的是要求学生掌握普遍适用的可持续发展的实体性技术、规范性技术和过程性技术。教学内容由培养学生的综合素质和能力构成，包括专业能力、方法能力和社会能力。

(2) 教学内容推行任务驱动模式，即以园林工作任务为中心来整合技术理论知识和技术实践知识。任务驱动模式的实施，首先要选好具有多项技能训练和驱动效应的任务来组织教学。要选择那些关键的、典型的、符合职业教育教学需要，真正能够培养学生能力的任务实施教学。

(3) 教学内容的核心是园林实践教学内容的建构。应该在实训教学内容构建、实训项目设置、校内外实践教学基地建设、学生实践技能培养等方面与园林规划设计、园林施工管理方向的人才培养目标紧密结合，进一步深化和优化园林工程技术实践教学体系。

(4) 教学内容的构成，包括了基础能力、核心能力、综合能力、拓展能力几方面技能的要求、学时比例的分配和前后顺序的关系，要形成从低层次技能逐步向高层次技能提升、组合型进阶式实践教学体系。

序号	职业岗位	岗位综合能力	职业核心能力	主要知识点
1	园林施工员	园林工程施工技术管理能力	(1) 熟练的识图能力 (2) 编制施工方案、进行施工组织设计的能力 (3) 参与图纸会审与技术交底的能力 (4) 执行相关规范和技术标准的能力 (5) 选择使用材料、机具的能力 (6) 施工技术应用能力 (7) 编制工程预算的能力	(1) 园林工程土方、园路、灌排水、水景、假山的施工知识 (2) 园林施工项目投标书编制、施工组织管理方案制订知识 (3) 现场施工技术管理、项目竣工验收管理的知识 (4) 园林工程招投标与合同管理知识 (5) 园林工程计量与计价知识
2	园林设计员	园林工程设计与效果图、施工图绘制能力	(1) 设计草图表现能力 (2) 绘制空间透视图能力 (3) 手绘效果图表现能力 (4) 运用软件绘制效果图能力 (5) 绘制园林工程施工图能力 (6) 编制工程图技术文件的能力	(1) 园林方案初步设计；扩初详细设计的知识 (2) 园林工程土方、园路、灌排水、水景、假山施工图设计的知识 (3) 园林植物配置施工图设计知识 (4) 手绘表现、园林CAD、Photoshop等表现技法的知识
3	园林绿化管理员	园林绿化工程栽植养护管理能力	(1) 园林植物材料的询价采购能力 (2) 园林植物材料的质量检测能力 (3) 园林植物材料验收及管理能力 (4) 园林植物培育、栽植能力 (5) 园林植物病虫害防治能力 (6) 园林植物修剪和水肥管理能力	(1) 园林树木识别应用知识 (2) 园林花卉识别应用知识 (3) 园林植物苗木培育繁殖知识 (4) 园林植物栽植土肥水管理知识 (5) 园林植物病虫识别知识 (6) 农药正确配制使用知识

8.2 专业教学内容及标准

1. 专业知识、技能体系一览（见表2～表3）

知识领域	知识单元		知识点
1. 园林规划设计	核心知识单元	(1) 园林规划设计	1) 园林构成要素与设计 2) 园林布局基本形式 3) 道路广场绿地设计 4) 居住区绿地设计 5) 单位附属绿地设计 6) 公园绿地设计

知识领域	知识单元		知识点
1. 园林规划设计	核心知识单元	（2）园林工程设计	1）土方工程施工图设计 2）园林给排水工程施工图设计 3）园林水景工程施工图设计 4）砌体工程施工图设计 5）园林道路工程施工图设计 6）假山工程施工图设计 7）园林绿化工程施工图设计
		（3）园林设计方案效果表现	1）园林设计方案效果手绘表现 2）园林计算机 Auto CAD 辅助设计 3）园林计算机 Photoshop 辅助设计 4）计算机三维辅助设计
	选修知识单元	园林建筑设计	1）园林建筑的作用及其分类 2）园林建筑设计的方法和技巧 3）公园大门、茶室等园林建筑的设计 4）亭、廊、榭等园林建筑小品的设计 5）坐凳、花坛、指示牌等园林小品设计
2. 园林施工管理	核心知识单元	（1）园林施工	1）土方工程施工 2）园林给排水工程施工 3）园林水景工程施工 4）砌体工程施工 5）园林道路工程施工 6）假山工程施工 7）园林绿化工程施工
		（2）园林工程计价	1）统计园林工程量 2）套用园林工程费用定额 3）使用预算软件
		（3）园林工程施工组织与管理	1）投标阶段的管理 2）施工准备阶段的管理 3）施工阶段的管理 4）竣工阶段的管理
	选修知识单元	园林建筑材料与构造	1）园林建筑材料分类与特性比较 2）园林建筑构造要点
3. 园林绿化管理	核心知识单元	（1）园林植物	1）园林植物的基本形态结构 2）园林树木 3）园林花卉 4）草坪建植与养护
		（2）园林植物栽培与养护管理	1）园林植物生长发育基本规律 2）园林植物苗木培育 3）园林植物栽培技术 4）园林植物的养护管理
	选修知识单元	插花与花艺设计	1）插花和花艺的概念 2）花艺的流派和发展 3）花艺设计的基本方法 4）花束的制作 5）花篮的制作

技能领域	技能单元		技能点
1. 园林规划设计	核心技能单元	（1）园林方案综合编制技能	1）各类园林绿地设计技能
			2）按设计程序和要求编制设计方案文本的技能
		（2）园林设计方案效果表现技法	1）园林绿地设计方案效果手绘技能
			2）用绘图软件表达设计方案的技能
	选修技能单元	园林建筑小品设计技能	1）园林建筑小品设计和效果表现
			2）园林建筑小品结构设计
2. 园林施工管理	核心技能单元	（1）园林现场综合施工技能	1）施工放样
			2）施工工艺和流程技术指导
			3）整理园林施工资料
			4）施工现场人员、材料和机械的组织与协调
		（2）园林工程预算技能	1）编制园林设计概算
			2）编制园林施工图预算
			3）编制园林竣工决算
	选修技能单元	园林工程施工组织与管理	1）编制投标书
			2）编写施工组织管理方案
			3）整理竣工资料
3. 园林绿化管理	核心技能单元	（1）园林植物树木花卉绿化材料识别	1）园林树木识别应用技能
			2）园林花卉识别应用技能
			3）园林地被草坪识别应用技能
		（2）园林植物栽培与养护管理技能	1）园林植物苗木培育繁殖技能
			2）园林植物栽植技能
			3）园林植物土肥水管理技能
			4）园林植物整形修剪技能
	选修技能单元	园林植物病虫害防治技能	1）园林植物病虫害识别
			2）农药正确配制使用技能
			3）植物保护机械使用技能

2. 核心知识单元、技能单元教学要求（见表 4～表 17）

单元名称	园林规划设计	最低学时	24
教学目标			1. 掌握园林各构成要素的设计方法与技巧 2. 了解园林绿地布局的基本形式 3. 熟悉园林规划设计相关规范和技术要求，能完成城市道路广场绿地设计、居住区绿地设计、单位附属绿地设计、公园规划设计的基本创意方案 4. 了解园林规划设计程序及资料的编制

单元名称	园林规划设计	最低学时	24
教学内容	知识点 1. 园林规划设计原理 （1）园林规划设计原则、规范、布局特点 （2）园林规划设计流程和内容 （3）园林常用造景手法 （4）园林构成要素与设计方法与要求 知识点 2. 城市道路绿地设计 （1）城市道路绿地布局形式、交通流线组织等规划设计要点 （2）城市道路绿地方案设计与图纸绘制要求 （3）城市道路绿地植物配置设计要求 知识点 3. 广场景观规划设计 （1）广场分类、布局形式、空间划分、流线组织等规划设计要点 （2）广场景观创意方案设计与图纸绘制要求 （3）广场硬地铺装、绿地植物配置、水景、建筑环境小品等设计要求 知识点 4. 休闲小游园设计 （1）企事业机关及其他单位的小型休闲环境规划设计理念与方法 （2）小游园景观创意设计与方案图纸绘制要求 （3）小游园硬地广场、绿地植物配置、水景、建筑环境小品等设计要求 知识点 5. 居住区绿地景观规划设计 （1）居住区绿地规划设计原则和相关规范要求 （2）居住区绿地规划设计风格定位、空间组织、流线划分、使用功能等设计要点 （3）居住区中心花园、组团绿地、宅前绿地等景观创意设计与方案图纸绘制考核要求 （4）居住区地面铺装、植物配置、水景、园林建筑小品等设计要求 知识点 6. 小型公园设计 （1）小型公园规划设计原则和相关规范要求 （2）小型公园设计风格定位、功能分区、流线组织等技术要求 （3）小型公园道路规划、绿地植物配置设计、水景设计、园林建筑小品设计等景观创意方案创作与图纸绘制要求
教学方法 建议	1. 典型案例教学 2. 实景参观教学 3. 企业技术人员交流教学 4. 电脑多媒体综合教学 5. 方案讨论会与问题辩论
考核评价 要求	注重对学生动手能力和在实践中分析问题、解决问题能力的考核 考核由过程考核、知识考核和结果考核组成。其中过程考核 40%、知识考核 30%、结果考核 30%

园林工程设计知识单元教学要求 表5

单元名称	园林工程设计	最低学时	18
教学目标	1. 了解园林各项工程的一些专业术语和基本概念 2. 掌握园林土方工程、园林给排水工程、园林水景工程、砌体工程、园林道路工程、假山工程、园林绿化工程施工图设计及绘制方法要点		
教学内容	知识点 1. 土方工程施工图设计 （1）园林竖向设计 （2）土方工程量计算 知识点 2. 园林给排水工程施工图设计 （1）园林给水管网设计 （2）园林绿地固定式喷灌系统设计 （3）园林绿地雨水管渠的设计 知识点 3. 园林水景工程施工图设计 （1）自然式园林水景施工图设计 （2）驳岸、护坡施工图设计 （3）水池施工图设计 （4）喷泉施工图设计 知识点 4. 砌体工程施工图设计 花坛、挡土墙、景门、景墙、座凳等施工图设计 知识点 5. 园林道路工程施工图设计 （1）园林道路平、竖曲线设计 （2）园林道路铺装设计 （3）园林道路结构设计 知识点 6. 假山工程施工图设计 （1）假山设计 （2）置石设计 知识点 7. 园林绿化工程施工图设计 （1）植物配置施工图设计说明 （2）植物配置总表 （3）分区块完成上层乔木、下层灌木植被的施工图		
教学方法建议	1. 典型案例教学 2. 企业技术人员交流教学 3. 电脑多媒体综合教学 4. 方案讨论会与问题辩论		
考核评价要求	注重对学生动手能力和在实践中分析问题、解决问题能力的考核 考核由过程考核、知识考核和结果考核组成。其中过程考核40％、知识考核30％、结果考核30％		

园林设计方案效果表现知识单元教学要求 表 6

单元名称	园林设计方案效果表现	最低学时	36
教学目标	1. 熟悉园林设计方案效果表现相关软件、工作界面、基本命令 2. 掌握相关园林图形处理和平面图、施工图绘制、设计的基本过程和方法 3. 掌握园林规划设计创意手绘草图、方案 CAD、Photoshop、3Dmax 等的绘制方法与技巧		
教学内容	知识点 1. 园林设计方案效果手绘表现 （1）钢笔速写与钢笔淡彩 （2）马克笔与彩铅表现 （3）快速综合表现 知识点 2. 园林计算机 Auto CAD 辅助设计 （1）AutoCAD 基本操作 （2）设计方案绘制 知识点 3. 园林计算机 Photoshop 辅助设计 （1）Photoshop 基本操作 （2）设计方案绘制 知识点 4. 计算机三维辅助设计 （1）3Dmax 基本操作 （2）设计方案绘制		
教学方法建议	1. 典型案例教学 2. 局域网同步与互动教学 3. 电脑多媒体综合教学		
考核评价要求	注重对学生动手能力和在实践中分析问题、解决问题能力的考核 考核由过程考核、知识考核和结果考核组成。其中过程考核 40％、知识考核 30％、结果考核 30％		

园林工程施工知识单元教学要求 表 7

单元名称	园林施工	最低学时	36
教学目标	1. 掌握各项工程的一些专业术语和基本概念 2. 掌握土方工程、园林给排水工程、园林水景工程、砌体工程、园林道路工程、假山工程、园林绿化工程等各项工程的施工技术和方法		

单元名称	园林施工	最低学时	36
教学内容	知识点 1. 土方工程施工 （1）园林用地竖向设计的方法 （2）土壤的工程特性 （3）土方工程的施工方法 知识点 2. 园林给排水工程施工 （1）园林给水管网施工 （2）喷灌系统施工 （3）雨水管渠布置 知识点 3. 园林水景工程施工 （1）自然式园林水景施工 （2）驳岸、护坡施工 （3）水池施工 （4）喷泉施工 知识点 4. 砌体工程施工 花坛、挡土墙、景门、景墙、座凳等施工 知识点 5. 园林道路工程施工 （1）园路的分类和作用 （2）园路的施工工艺及其方法 知识点 6. 假山工程施工 （1）假山的功能和类型 （2）山石材料 （3）塑山的施工过程 知识点 7. 园林绿化工程施工		
教学方法建议	1. 典型案例教学 2. 实景参观教学 3. 企业技术人员交流教学 4. 现场教学 5. 动画教学		
考核评价要求	注重对学生动手能力和在实践中分析问题、解决问题能力的考核 考核由过程考核、知识考核和结果考核组成。其中过程考核 40%、知识考核 30%、结果考核 30%		

园林工程计价知识单元教学要求　　表 8

单元名称	园林工程计价	最低学时	18
教学目标	1. 掌握园林工程分部分项工程量的计算方法 2. 掌握园林工程"工程量清单"编制技术 3. 掌握园林工程项目造价文件编制方法 4. 熟悉工程项目预算书编制的方法和步骤 5. 了解地方园林建筑绿化工程综合定价的标准和取费方法		
教学内容	知识点 1. 园林工程造价概述 （1）园林工程预算造价内容 （2）园林工程预算依据 知识点 2. 园林工程定额 （1）园林工程定额概念 （2）园林工程施工定额 （3）园林工程预算定额 知识点 3. 园林工程定额计价编制 （1）园林绿化工程计价编制 （2）园林土建工程计价编制 （3）园林给排水、电气工程计价编制 知识点 4. 园林工程量清单计价 （1）园林工程量清单计价项目 （2）园林工程量清单计价表格使用方法		
教学方法建议	1. 典型案例教学 2. 电脑多媒体综合教学 3. 企业造价工程师实际项目造价剖析 4. 小组讨论会与问题辩论		
考核评价要求	注重对学生动手能力和在实践中分析问题、解决问题能力的考核 考核由过程考核、知识考核和结果考核组成。其中过程考核 40%、知识考核 30%、结果考核 30%		

园林工程施工项目组织与管理知识单元教学要求　　表 9

单元名称	园林工程施工项目组织与管理	最低学时	24
教学目标	1. 掌握园林工程施工招投标文件的编制方法；掌握园林工程施工组织设计的编制方法；掌握施工现场协调问题、解决问题的常用方法 2. 熟悉园林工程施工招标文件的编制；园林工程施工合同的编制；园林工程施工组织设计的编制		

单元名称	园林工程施工项目组织与管理	最低学时	24
教学内容	知识点 1. 园林工程建设概述 (1) 园林工程内容的划分 (2) 园林工程建设的基本程序 知识点 2. 园林工程招标投标与施工合同 (1) 园林工程招标投标的程序与内容 (2) 园林工程投标报价技巧 (3) 招标文件与投标文件的编制 (4) 施工承包合同的签订与管理 知识点 3. 园林工程商务标编制的内容与方法 (1) 园林工程商务标编制的内容 (2) 园林工程商务标的计价方法与编制技术 知识点 4. 园林工程施工组织设计与管理 (1) 园林工程投标文件中技术标的施工组织设计的内容与编制 (2) 施工管理的内容与方法		
教学方法 建议	1. 典型案例教学 2. 招投标模拟实景教学 3. 电脑多媒体综合教学 4. 小组讨论会与问题辩论		
考核评价 要求	注重对学生动手能力和在实践中分析问题、解决问题能力的考核 考核由过程考核、知识考核和结果考核组成。其中过程考核 40%、知识考核 30%、结果考核 30%		

园林植物知识单元教学要求　　　　　　　　　　　　　　　　　　　　表 10

单元名称	园林植物	最低学时	72
教学目标	1. 掌握植物分类检索表的编制和使用方法 2. 了解园林植物学的分类、分布及特性 3. 熟悉园林植物选用、配置、统计的方法 4. 掌握园林植物的识别要点和园林应用		
教学内容	知识点 1. 园林植物的基本形态结构 (1) 园林植物的基本形态结构 (2) 植物分类的基本方法 (3) 环境因子对植物生长的影响 知识点 2. 园林树木 (1) 园林树木分类和生长发育 (2) 园林树木生态习性 (3) 园林树木生态效应 知识点 3. 园林花卉 (1) 我国花卉发展概况 (2) 园林花卉分类 (3) 花卉与环境因子 (4) 花卉栽培设施与生长发育 知识点 4. 草坪建植与管理 (1) 草坪植物概述 (2) 草坪建植 (3) 草坪养护		
教学方法 建议	1. 典型案例教学 2. 电脑多媒体综合教学		
考核评价 要求	注重对学生动手能力和在实践中分析问题、解决问题能力的考核 考核由过程考核、知识考核和结果考核组成。其中过程考核 40%、知识考核 30%、结果考核 30%		

单元名称	园林植物栽培与养护管理	最低学时	36

教学目标	1. 了解园林植物栽培的基本概念和基本理论 2. 掌握当地常见的园林植物繁殖方法、栽培要点和应用技术 3. 掌握园林植物养护的基本方法

教学内容	知识点 1. 园林植物生长发育基本规律 （1）植物的生长物质 （2）植物的休眠 （3）植物的生长、分化和发育 （4）植物的成花生理 （5）植物的生殖、衰老和脱落 知识点 2. 园林植物苗木培育 （1）园林植物的种质资源 （2）引种与良种繁育 （3）圃地的选择与区划 （4）园林植物种子（果实）的采集、调制、储藏、品质检验 （5）园林植物播种 （6）扦插繁殖 （7）嫁接 （8）苗木检疫、包装与运输 知识点 3. 园林植物栽培技术 （1）园林树木栽植时期和方法 （2）大苗移植技术 （3）非适宜季节树木栽植技术 知识点 4. 园林植物的养护管理 （1）土壤管理 （2）灌水与排水 （3）施肥方法 （4）自然灾害的防治方法

教学方法 建议	1. 典型案例教学 2. 实景参观教学 3. 电脑多媒体综合教学 4. 小组室外种植、修剪、养护操作实验 5. 小组讨论会 6. 调查报告

考核评价 要求	注重对学生动手能力和在实践中分析问题、解决问题能力的考核 考核由过程考核、知识考核和结果考核组成。其中过程考核 40%、知识考核 30%、结果考核 30%

单元名称	园林方案综合编制	最低学时	54
教学目标	1. 能完成城市道路、广场、居住区、单位附属绿地、小型公园绿地等设计图的绘制 2. 能编制园林设计方案文本		
教学内容	1. 完成园林绿地方案设计，进行设计分析，绘制总平面图、立面图、局部效果图、鸟瞰图等 2. 绘制园林绿地施工图 3. 按设计程序和要求编制设计方案文本，整理设计过程资料		
教学方法建议	1. 典型案例教学 2. 实景参观教学 3. 电脑多媒体综合教学 4. 分组讨论教学		
考核评价要求	考核由过程考核、知识考核和结果考核组成。其中过程考核 40%、知识考核 30%、结果考核 30%。过程考核由资料搜集、方案分析、团队协作、手绘和电脑熟练程度、出勤率等组成，结果考核由文本制作、语言表达能力组成		

单元名称	园林设计方案效果表现	最低学时	54
教学目标	1. 能手绘表现各类园林绿地设计方案 2. 能用绘图软件表达设计方案		
教学内容	技能点： 1. 用马克笔表现设计方案 2. 用彩色铅笔表现设计方案 3. 用 CAD、PS 绘制平面图 4. 用 CAD、3D、PS 绘制效果图 5. 用 SKETCHUP 绘制效果图 6. 综合表现园林绿地设计方案		
教学方法建议	宜采用讲授、多媒体、现场参观、实测的方法，通过直观的教学来使学生建立空间的概念，掌握方案效果表现技法		
考核评价要求	考核由过程考核、知识考核和结果考核组成。其中过程考核 40%、知识考核 30%、结果考核 30%。过程考核由团队协作、手绘和电脑熟练程度、出勤率等组成，结果考核由文本制作、语言表达能力组成		

单元名称	园林现场综合施工	最低学时	90
教学目标	1. 能完成园林工程施工放样 2. 能进行园林给排水工程、园路工程、假山工程等的施工工艺技术组织和指导 3. 能整理园林施工资料 4. 能完成施工现场人员、材料和机械的组织与协调		
教学内容	技能点： 1. 依据园林绿地的定位放线平面图，完成施工现场放样 2. 依据施工图和施工项目实际情况，制订施工技术措施和组织管理方案 3. 编写隐蔽工程、单项工程和单位工程等质量验收申请表等施工过程资料 4. 整理竣工验收资料		
教学方法建议	1. 现场教学 2. 实景参观教学 3. 互动交流教学		
考核评价要求	考核由过程考核、知识考核和结果考核组成。其中过程考核 40%、知识考核 30%、结果考核 30%。结果考核即是施工成品		

单元名称	园林工程预算	最低学时	46
教学目标	1. 能套用园林工程费用定额完成园林计价 2. 能使用园林预算软件完成园林计价		
教学内容	技能点： 1. 统计园林工程量 2. 编制园林设计概算 3. 编制园林施工图预算 4. 编制投标书报价 5. 编制园林竣工决算		
教学方法建议	1. 典型案例教学 2. 模拟实训		
考核评价要求	采用任务进行考核，每个任务完成后按各分组学生独立完成任务的情况，通过考核表，由学生自评、小组互评、教师评价共同确定考核成绩		

单元名称	园林植物树木花卉绿化材料识别	最低学时	60
教学目标	1. 熟悉园林树木、花卉的种类和品种，能准确识别常见园林树木花卉 2. 掌握园林树木、花卉的形态特征，了解生态习性和园林应用 3. 掌握园林植物的基本分类知识、生态习性和其他相关知识，能识别适合本地域生长的多种树木、花卉植物		
教学内容	技能点： 1. 园林树木识别应用 2. 园林花卉识别应用 3. 园林地被草坪识别应用		
教学方法建议	1. 典型案例教学 2. 实景参观教学 3. 小组室外种植、修剪、养护操作实验 4. 小组讨论会 5. 调查报告		
考核评价要求	采用任务进行考核，每个任务完成后按各分组学生独立完成任务的情况，通过考核表，由学生自评、小组互评、教师评价共同确定考核成绩		

园林植物栽培与养护管理技能单元教学要求   表 17

单元名称	园林植物栽培与养护管理	最低学时	36
教学目标	1. 掌握当地常见的园林植物繁殖方法、栽培要点和应用技术 2. 掌握园林树木栽培、花卉栽培、草坪修剪等实训操作的技术要点		
教学内容	技能点： 1. 园林植物苗木培育繁殖 2. 园林植物栽植 3. 园林植物土肥水管理 4. 园林植物整形修剪		
教学方法建议	1. 典型案例教学 2. 实景参观教学 3. 小组室外种植、修剪、养护操作实验 4. 小组讨论会 5. 调查报告；		
考核评价要求	采用任务进行考核，每个任务完成后按各分组学生独立完成任务的情况，通过考核表，由学生自评、小组互评、教师评价共同确定考核成绩		

9 专业办学基本条件和教学建议

9.1 专业教学团队

1. 专业带头人

专业带头人 1～2 名，应具有高级职称，并具备较高的教学水平和实践能力，具有行业企业技术服务或技术研发能力，在本行业及专业领域具有一定的影响力。

2. 师资数量

专业师生比不低于 1：18，主要专任专业教师不少于 5 人。

3. 师资水平及结构

专业课专任教师应具有本专业本科以上学历，且具有两年以上企业工作经历。兼职教师应是来自行业企业一线的高水平专业技术人员或能工巧匠，具有高级职称。

专任教师团队中具有硕士学位的教师占专任教师的比例应达到 35％及以上，高级职称不少于 30％以上，获执业（职业）资格证书或教学系列以外职称的教师比例达到 30％以上。每学期的兼职教师任课比例不少于 35％。

9.2 教学设施

1. 校内实训条件

园林工程技术专业校内实训条件要求 表 18

序号	实训类别	实践教学项目	主要实训内容	主要设备名称	数量（台/套）	实训室（场地）面积（m²）	备注
1	园林植物栽培	园林植物识别	园林植物识别	园林植物园（种类：北方不少于 100 种，南方不少于 200 种） 高枝剪 照相机 放大镜	1 40 5 5		校内
		园林植物栽培技术	1. 乔灌木栽植与养护 2. 花卉栽植与养护 3. 草坪建植与养护 4. 大树移植与养护	旋耕机 播种机 草坪修剪机 打孔机 疏草机 施肥机 平板车 绿篱修剪机 高枝剪 割灌机 油锯	1 1 2 2 2 2 1 2 2 2 2		校内

序号	实训类别	实践教学项目	主要实训内容	主要设备名称	数量（台/套）	实训室（场地）面积（m²）	备注
2	园林规划设计	园林制图	手绘（美绘）	展示台	5	120	校内
			手工制图	写生石膏像	5		
				多媒体教学系统	1		
			计算机制图	绘图桌	40		
				广播教学系统	1		
		园林设计	1. 造景设计 2. 园林小品设计 3. 园林绿地规划设计 4. 园林施工图设计	教师机	1	120	校内
				计算机	40		
				绘图机	1		
				照相机	2		
				扫描仪	2		
				A3 彩色打印机	1		
				刻录机	2		
				AUTOCAD 网络版软件	1		
				Photoshop 软件	1		
				3Dmax 软件	1		
				电脑激光雕刻机	2		
				打磨机	2		
				空压机	1		
3	园林工程施工组织管理	园林工程概预算	园林工程预算	计算机	45	120	校内
				网络版预算软件	1		
				多媒体教学系统	1		
		园林工程招投标	1. 园林工程招标 2. 园林工程投标	广播教学系统	1		
				教师机	1		
				评标板	1		
4	园林工程施工	施工放线	施工放线的方法	罗盘仪	5		校内、校外实习基地
				经纬仪	5		
				水准仪	5		
				全站仪	5		
		园林给排水工程施工	1. 移动式喷灌系统使用 2. 固定式喷灌系统施工 3. 排水管道施工	移动式喷灌系统	1		
				各种喷灌喷头 10 种	100		
				离心水泵或潜水泵	2		
				压力试验机	1		
				电夯	2		
				安装工具	5		
		园林水景工程施工	1. 驳岸施工 2. 护坡施工 3. 喷泉施工*	砂浆搅拌机	2		
				混凝土搅拌机	2		
				常见喷头 10 种	40		
				潜水泵	5		
				电器控制柜	1		
		园路工程施工	园路铺装	平板振动器	2		
				切割机	2		
		园林假山工程施工	1. 假山模型制作 2. 假山施工 3. 置石施工 4. 钢骨架塑山* 5. 塑石施工	起重机	1		
				切割机	2		
				脚手架	2		
				平板车	1		
				振动器	2		
				电焊机	2		
		园林照明工程施工*	1. 照明灯具识别 2. 照明工程安装	园林照明灯具 20 种	200		
				安装工具	5		

注：1. 设备数量为按 40 学生同时实训配置；

2. 由于全国各地区专业办学条件存在一定的差异，所以在实施本推荐方案时，带"*"号的为可以根据条件实施。

2. 校外实训基地基本要求

加强与行业企业的紧密合作，要有 5 个以上相对稳定的校外实习基地。

（1）校外实训基地应符合一定的要求，能提供园林植物栽培、园林规划设计、园林工程施工以及组织管理中的一项或多项的生产实训内容。

（2）能提供吃、住等方面的方便，交通便利，有安全保障。

（3）能有相对稳定的实训指导教师队伍。

3. 信息网络教学条件

（1）在教学中充分发挥网络和多媒体等现代化教学手段在教学中的应用，并以视频和动画教学为突破口，加强 VCD、DVD 教学资源的建设。

（2）教室、实验室基本上应配备多媒体设备。

9.3 教材及图书、数字化（网络）资料等学习资源

1. 教材

教材选用要符合专业发展的要求，鼓励自主开发校本教材，并积极邀请企业参与教材建设。

2. 图书及数字化资料

（1）图书。要求有园林绿化相关专业图书（包括电子图书）生均 35 册以上，专业领域包括建筑学、城市规划、人文地理、传统文化、观赏园艺、景观设计、园林绿化等，并能够不断更新。

（2）应具备的基本数字化学习资源。①课程标准或教学大纲；②实验（实训）指导书；③试题库；④核心课程网站。

9.4 教学方法、手段与教学组织形式建议

教师应该积极采用先进的教学手段，利用电子课件讲授知识，鼓励学生利用网络资源查阅有关资料，并根据教学对象的特点和生产实际来合理安排教学活动，根据教学目标的性质和教学内容来选择教学方法。

1. 任务驱动型合作式教学法

以完成某项任务为目标，以小组为单位，组织实施实践教学，适合设计、施工类专业课程的实践性教学以及综合实训和顶岗实习。

组建异质合作小组，即组成由性别、学业、能力等不同的多人（人数可根据需要来定，一般不超过 5 人）组成小组，围绕某项任务的达成，小组成员在教师的指导下，分工合作，主动参与，共同研究讨论，最后进行合作完成某项任务。

2. 自主性学习法

以学生的自主定向为前提，以自主探究为活动，实现自主创新，适合设计类课程的实践教学。

教师帮助学生创设出自主学习情境，共同制订方案，学生主动地进行个体与集体的探

究活动；学生展示自主学习结果，教师与学生一起进行评价。

3. 研究性学习法

以问题为载体，以研究为中心，提高学生创新能力。适合园林植物应用类课程的教学。

创设问题情境（如某种条件下的植物布置形式），教师做好背景知识（如园林植物的基本知识和识别能力）的铺垫，学生在教师创设的问题情境中实施研究活动，找出解决问题的正确答案；评价探究成果，即教师进行总结与评价。

4. 教师示范法

先由主讲教师为学生进行示范，让学生通过教师的示范而有所感悟。这是"实践课"最重要的环节，只有经过练习或训练，才能使学生真正得到锻炼，掌握实际教学技能。

5. 现场教学法

将课堂搬到现场，利用现场的实物作为教具，将教学和实际有机结合，适合于植物识别之类的课程教学。

对照植物的形态结构、生态特性，并结合植物生长特点和地形条件讲解植物的生态实用性，形象生动，并进行对话与交流，使学生能获取更多的感性认识。

9.5 教学评价、考核建议

教学考核方法的改革是教学改革的向导和风向标。合理的考核机制和评价体系，不仅对培养学生的总体要求进行把握和不断量化，也对教师提出了更高的要求。把教学考核的结果纳入教师的教学质量评定中去，将很大限度地提高教师的主观能动性，也增大了培养目标最终实现的可操作性。

1. 教考分离

把教学和考试分开，根据培养目标、教学目的、教学大纲，制定考核大纲，建立一套包括试题库、自动命题、阅卷、评分、考试分析、成绩管理等比较完备的考核管理系统。

有条件时，建议理论考试部分均可以参考教考分离的模式进行测试。

2. 实训技能测试

建立以实训技能测试为主的成绩评价体系。

（1）单项技能测试：可以根据岗位职业能力，分解为多个单项技能，并与课程测试相结合。各门课程以此为核心，结合理论测试，建立课程的评价标准。

（2）综合技能测试：根据本专业的就业方向，围绕施工员、设计员、预算员等岗位能力，制定适合本地区岗位实际的岗位能力测试系统。如设计员综合技能测试，可以给出一个设计项目和设计要求，在规定的时间内，以个人或团队的方式完成设计，以此确立学生的设计能力。

3. 引入行业、企业评价机制

（1）建立行业、企业方的技术人员参与课程评价的制度。

（2）引入企业项目，将项目完成与综合技能测试相结合。将完成质量作为评价依据，比如某同学的设计方案是否能被企业采用，以此确立成绩等。

4. 建立双证书制度

建议规定把学生获得园林行业相关职业资格证书作为毕业的必要条件之一，建立双证书制度。

5. 引入素质教学培养学分评价机制

（1）根据情况可以设立在校生思想道德学分，如无违纪或其他不良行为可以给分，如有，可以通过公益劳动等形式替代。

（2）设立创新学分，如有以下行为者可以替代必修学分外的学分。

在省、市或校际公开比赛中获得优秀成绩；

好人好事突出，起到较为广泛的引导作用；

科学研究或科技创新方面成绩显著；

其他被公众认可的、积极向上的业绩。

9.6　教学管理

1. 多样化教学模式

针对企业对顶岗实习开始时间和持续时间不同，为了满足顶岗实习、工学交替过程中企业实际用人的要求，学校可以根据实际情况打破原有的教学时间体系，解决人才培养过程中学习、实训、实习的时间阶段问题，各校可以探索"2＋1"、"1＋1＋1"、"1＋0.5＋1＋0.5"、"2＋0.5＋0.5"等多样化人才培养模式，解决教学实施过程与企业用人之间的矛盾。

2. 模块化教学

为适应工学结合教学模式的实施，学校可以开发适应学分制的柔性化教学体系，实行弹性学分制改革，推行选修、学分置换、学分替代等多种探索，以适应学习时间的阶段性变化。针对学习内容的前后衔接问题，学校可以结合专业和区域特点，实行模块化教学，将教学内容分块进行，使各部分内容相对独立，教学时间灵活安排，打破原有的教学体系。

3. 建立和完善弹性学分制教学管理质量标准、监控与评价体系

强化适合学分制管理的教学质量监控体系，进一步加强对校内生产性实训和校外顶岗实习等实践教学的过程管理和质量监控与评价。围绕人才培养目标，以知识、能力、素质为内涵，以综合职业能力培养为核心，建立和完善理论教学、实践教学、毕业设计、成绩评定等主要教学环节的教学质量标准体系。

10　继续专业学习深造建议

通过函授或脱产专升本园林专业进行继续深造。

园林工程技术专业教学
基本要求实施示例

1 专业教学内容体系框架与说明

高职园林工程技术专业的教学内容设置,紧密结合园林设计、园林施工、园林管理岗位的需求,引入园林行业技术标准、规范,以园林工作过程系统化构建课程体系。在基础知识储备、职业技能训练、专业综合素质培养方面突出职业性教育,采用校企合作、工学结合的人才培养模式。见附图1专业职业岗位、核心能力与课程关系简图。

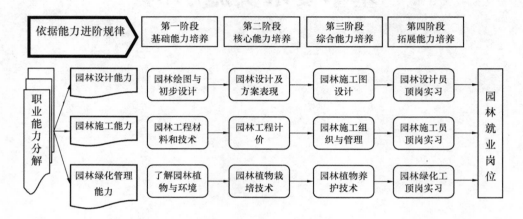

附图1 专业职业岗位、核心能力与课程关系简图

(1)教学目的是要求学生掌握普遍适用的可持续发展的实体性技术、规范性技术和过程性技术。课程由培养学生的综合素质和能力构成,包括专业能力、方法能力和社会能力。

(2)教学内容推行任务驱动模式,即以园林工作任务为中心来整合技术理论知识和技术实践知识。任务驱动模式的实施,首先要选好具有多项技能训练和驱动效应的任务来组织教学。要选择那些关键的、典型的、符合职业教育教学需要,真正能够培养学生能力的任务实施教学。

(3)教学内容的核心是应该在实训教学内容构建、实训项目设置、校内外实践教学基地建设、学生实践技能培养等方面与园林规划设计、园林施工管理方向的人才培养目标紧密结合,进一步深化和优化园林工程技术实践教学体系。

(4)教学内容的构成包括了基础能力、核心能力、综合能力、拓展能力几方面技能对支撑课程的要求、学时比例的分配和前后顺序的关系,要形成从低层次技能逐步向高层次技能提升、组合型进阶式实践教学体系。

2 专业核心课程简介

园林植物课程教学要求   附表 1

单元名称	园林植物	最低学时	72
教学目标	1. 掌握植物分类检索表的编制和使用方法 2. 了解园林植物学的分类、分布及特性 3. 熟悉园林植物选用、配置、统计的方法 4. 掌握园林植物的识别要点和园林应用		
教学内容	知识点 1. 园林植物的基本形态结构 （1）园林植物的基本形态结构 （2）植物分类的基本方法 （3）环境因子对植物生长的影响 知识点 2. 园林树木 （1）园林树木分类和生长发育 （2）园林树木生态习性 （3）园林树木生态效应 知识点 3. 园林花卉 （1）我国花卉发展概况 （2）园林花卉分类 （3）花卉与环境因子 （4）花卉栽培设施与生长发育 知识点 4. 草坪建植与管理 （1）草坪植物概述 （2）草坪建植 （3）草坪养护		
教学方法建议	1. 典型案例教学 2. 电脑多媒体综合教学		
考核评价要求	注重对学生动手能力和在实践中分析问题、解决问题能力的考核 考核由过程考核、知识考核和结果考核组成。其中过程考核 40%、知识考核 30%、结果考核 30%		

园林植物技能实训教学要求   附表 2

单元名称	园林植物	最低学时	60
教学目标	1. 熟悉园林树木、花卉的种类和品种，能准确识别常见园林树木花卉 2. 掌握园林树木、花卉的形态特征，了解生态习性和园林应用 3. 掌握园林植物的基本分类知识、生态习性和其他相关知识，能识别适合本地域生长的多种树木、花卉植物		
教学内容	技能点： 1. 园林树木识别应用 2. 园林花卉识别应用 3. 园林地被草坪识别应用		
教学方法建议	1. 典型案例教学 2. 实景参观教学 3. 小组室外种植、修剪、养护操作实验 4. 小组讨论会 5. 调查报告		
考核评价要求	采用任务进行考核，每个任务完成后按各分组学生独立完成任务的情况，通过考核表，由学生自评、小组互评、教师评价共同确定考核成绩		

单元名称	园林规划设计	最低学时	24
教学目标	1. 掌握园林各构成要素的设计方法与技巧 2. 了解园林绿地布局的基本形式 3. 熟悉园林规划设计相关规范和技术要求，能完成城市道路广场绿地设计、居住区绿地设计、单位附属绿地设计、公园规划设计的基本创意方案 4. 了解园林规划设计程序及资料的编制		
教学内容	知识点 1. 园林规划设计原理 （1）园林规划设计原则、规范、布局特点 （2）园林规划设计流程和内容 （3）园林常用造景手法 （4）园林构成要素与设计方法与要求 知识点 2. 城市道路绿地设计 （1）城市道路绿地布局形式、交通流线组织等规划设计要点 （2）城市道路绿地方案设计与图纸绘制要求 （3）城市道路绿地植物配置设计要求 知识点 3. 广场景观规划设计 （1）广场分类、布局形式、空间划分、流线组织等规划设计要点 （2）广场景观创意方案设计与图纸绘制要求 （3）广场硬地铺装、绿地植物配置、水景、建筑环境小品等设计要求 知识点 4. 休闲小游园设计 （1）企事业机关及其他单位的小型休闲环境规划设计理念与方法 （2）小游园景观创意设计与方案图纸绘制要求 （3）小游园硬地广场、绿地植物配置、水景、建筑环境小品等设计要求 知识点 5. 居住区绿地景观规划设计 （1）居住区绿地规划设计原则和相关规范要求 （2）居住区绿地规划设计风格定位、空间组织、流线划分、使用功能等设计要点 （3）居住区中心花园、组团绿地、宅前绿地等景观创意设计与方案图纸绘制考核要求 （4）居住区地面铺装、植物配置、水景、园林建筑小品等设计要求 知识点 6. 小型公园设计 （1）小型公园规划设计原则和相关规范要求 （2）小型公园设计风格定位、功能分区、流线组织等技术要求 （3）小型公园道路规划、绿地植物配置设计、水景设计、园林建筑小品设计等景观创意方案创作与图纸绘制要求		
教学方法建议	1. 典型案例教学 2. 实景参观教学 3. 企业技术人员交流教学 4. 电脑多媒体综合教学 5. 方案讨论会与问题辩论		
考核评价要求	注重对学生动手能力和在实践中分析问题、解决问题能力的考核 考核由过程考核、知识考核和结果考核组成。其中过程考核 40%、知识考核 30%、结果考核 30%		

单元名称	园林规划设计	最低学时	54
教学目标	1. 能完成城市道路、广场、居住区、单位附属绿地、小型公园绿地等设计图的绘制 2. 能编制园林设计方案文本		
教学内容	技能点： 1. 完成园林绿地方案设计，进行设计分析，绘制总平面图、立面图、局部效果图、鸟瞰图等 2. 绘制园林绿地施工图 3. 按设计程序和要求编制设计方案文本，整理设计过程资料		
教学方法建议	1. 典型案例教学 2. 实景参观教学 3. 电脑多媒体综合教学 4. 分组讨论教学		
考核评价要求	考核由过程考核、知识考核和结果考核组成。其中过程考核 40%、知识考核 30%、结果考核 30%。过程考核由资料搜集、方案分析、团队协作、手绘和电脑熟练程度、出勤率等组成，结果考核由文本制作、语言表达能力组成		

园林工程施工课程教学要求　　　　　　　　　　　附表 5

单元名称	园林工程施工	最低学时	36
教学目标	1. 掌握各项工程的一些专业术语和基本概念 2. 掌握土方工程、园林给排水工程、园林水景工程、砌体工程、园林道路工程、假山工程、园林绿化工程等各项工程的施工技术和方法		
教学内容	知识点 1. 土方工程施工 （1）园林用地竖向设计的方法 （2）土壤的工程特性 （3）土方工程的施工方法 知识点 2. 园林给排水工程施工 （1）园林给水管网施工 （2）喷灌系统施工 （3）雨水管渠布置 知识点 3. 园林水景工程施工 （1）自然式园林水景施工 （2）驳岸、护坡施工 （3）水池施工 （4）喷泉施工 知识点 4. 砌体工程施工 花坛、挡土墙、景门、景墙、座凳等施工 知识点 5. 园林道路工程施工 （1）园路的分类和作用 （2）园路的施工工艺及其方法 知识点 6. 假山工程施工 （1）假山的功能和类型 （2）山石材料 （3）塑山的施工过程 知识点 7. 园林绿化工程施工		
教学方法建议	1. 典型案例教学 2. 实景参观教学 3. 企业技术人员交流教学 4. 现场教学 5. 动画教学		
考核评价要求	注重对学生动手能力和在实践中分析问题、解决问题能力的考核 考核由过程考核、知识考核和结果考核组成。其中过程考核 40%、知识考核 30%、结果考核 30%		

园林工程施工技能实训教学要求

单元名称	园林工程施工	最低学时	90
教学目标	1. 能完成园林工程施工放样 2. 能进行园林给排水工程、园路工程、假山工程等的施工工艺技术组织和指导 3. 能整理园林施工资料 4. 能完成施工现场人员、材料和机械的组织与协调		
教学内容	技能点： 1. 依据园林绿地的定位放线平面图，完成施工现场放样 2. 依据施工图和施工项目实际情况，制订施工技术措施和组织管理方案 3. 编写隐蔽工程、单项工程和单位工程等质量验收申请表等施工过程资料 4. 整理竣工验收资料		
教学方法 建议	1. 现场教学 2. 实景参观教学 3. 互动交流教学		
考核评价 要求	考核由过程考核、知识考核和结果考核组成。其中过程考核 40%、知识考核 30%、结果考核 30%。结果考核即是施工成品		

园林工程计价课程教学要求

单元名称	园林工程计价	最低学时	18
教学目标	1. 掌握园林工程分部分项工程量的计算方法 2. 掌握园林工程"工程量清单"编制技术 3. 掌握园林工程项目造价文件编制方法 4. 熟悉工程项目预算书编制的方法和步骤 5. 了解地方园林建筑绿化工程综合定价的标准和取费方法		
教学内容	知识点 1. 园林工程造价概述 （1）园林工程预算造价内容 （2）园林工程预算依据 知识点 2. 园林工程定额 （1）园林工程定额概念 （2）园林工程施工定额 （3）园林工程预算定额 知识点 3. 园林工程定额计价编制 （1）园林绿化工程计价编制 （2）园林土建工程计价编制 （3）园林给排水、电气工程计价编制 知识点 4. 园林工程量清单计价 （1）园林工程量清单计价项目 （2）园林工程量清单计价表格使用方法		
教学方法 建议	1. 典型案例教学 2. 电脑多媒体综合教学 3. 企业造价工程师实际项目造价剖析 4. 小组讨论会与问题辩论		
考核评价 要求	注重对学生动手能力和在实践中分析问题、解决问题能力的考核 考核由过程考核、知识考核和结果考核组成。其中过程考核 40%、知识考核 30%、结果考核 30%		

园林工程计价技能实训教学要求 附表 8

单元名称	园林工程计价	最低学时	46
教学目标	1. 能套用园林工程费用定额完成园林计价 2. 能使用园林预算软件完成园林计价		
教学内容	技能点： 1. 统计园林工程量 2. 编制园林设计概算 3. 编制园林施工图预算 4. 编制投标书报价 5. 编制园林竣工决算		
教学方法 建议	1. 典型案例教学 2. 模拟实训		
考核评价 要求	采用任务进行考核，每个任务完成后按各分组学生独立完成任务的情况，通过考核表，由学生自评、小组互评、教师评价共同确定考核成绩		

园林工程项目组织与管理课程教学要求 附表 9

单元名称	园林工程项目组织管理	最低学时	24
教学目标	1. 掌握园林工程施工招投标文件的编制方法；掌握园林工程施工组织设计的编制方法；掌握施工现场协调问题、解决问题的常用方法。 2. 熟悉园林工程施工招标文件的编制；园林工程施工合同的编制；园林工程施工组织设计的编制；		
教学内容	知识点 1. 园林工程建设概述 （1）园林工程内容的划分 （2）园林工程建设的基本程序 知识点 2. 园林工程招标投标与施工合同 （1）园林工程招标投标的程序与内容 （2）园林工程投标报价技巧 （3）招标文件与投标文件的编制 （4）施工承包合同的签订与管理 知识点 3. 园林工程商务标编制的内容与方法 （1）园林工程商务标编制的内容 （2）园林工程商务标的计价方法与编制技术 知识点 4. 园林工程施工组织设计与管理 （1）园林工程投标文件中技术标的施工组织设计的内容与编制 （2）施工管理的内容与方法		
教学方法 建议	1. 典型案例教学 2. 招投标模拟实景教学 3. 电脑多媒体综合教学 4. 小组讨论会与问题辩论		
考核评价 要求	注重对学生动手能力和在实践中分析问题、解决问题能力的考核 考核由过程考核、知识考核和结果考核组成。其中过程考核 40%、知识考核 30%、结果考核 30%		

3 教学进程安排及说明

3.1 专业教学进程安排

园林工程技术专业教学进程安排　　　　　附表 10

课程类别	序号	课程名称	学时			课程按学期安排					
			理论	实践	合计	一	二	三	四	五	六
		一、文化基础课									
	1	思想道德修养与法律基础	48	16	64		√				
	2	毛泽东思想与中国特色社会主义理论体系	48	16	64	√					
	3	形势与政策	36		36		√				
	4	国防教育与军事训练		60	60	√					
	5	英语	96	24	120	√	√				
	6	体育		60	60	√	√				
	7	计算机应用	15	30	45			√			
	8	大学生就业指导	18		18					√	
		小计	261	206	467						
		二、专业课									
必修课	9	园林绘画	18	72	90	√	√				
	10	园林测量	24	30	54			√			
	11	园林植物★	72	72	144	√	√				
	12	园林制图与设计初步	36	54	90	√	√				
	13	园林计算机辅助绘图	36	54	90		√	√			
	14	中外园林史	36		36			√			
	15	园林建筑设计	24	48	72			√			
	16	园林规划设计★	24	72	96		√	√			
	17	园林建筑材料与构造	24	48	72				√		
	18	园林工程施工★	36	48	84			√	√		
	19	园林工程项目施工组织与管理★	24	40	64					√	
	20	园林工程计价★	18	46	64					√	
	21	园林施工图设计	18	54	72					√	
	22	植物认知实习		60	60			√			
	23	园林综合实训		60	60					√	
	24	园林顶岗实习（毕业设计、毕业论文）		448	448						√
		小计	390	1206	1596						

课程类别	序号	课程名称	学时			课程按学期安排					
			理论	实践	合计	一	二	三	四	五	六
选修课		三、限选课									
	25	园林植物病虫害防治	24	12	36				√		
	26	园林植物栽培技术	18	36	54				√		
	27	插花与花艺设计	18	36	54		√				
		小计	60	84	144						
		四、任选课									
		小计									
		合计									

注：★为专业核心课程。

3.2 实践教学安排

园林工程技术专业实践教学安排　　　　　　　附表 11

序号	项目名称	教学内容	对应课程	学时	实践教学项目按学期安排					
					一	二	三	四	五	六
1	园林树木认知	1. 园林树木分类 2. 园林树木形态特征	植物认知实习	30		√				
2	园林花卉认知	1. 园林花卉分类 2. 园林花卉形态特征	植物认知实习	30		√				
3	素描实训	1. 静物素描技法 2. 风景素描写生	园林绘画	36	√					
4	色彩实训	1. 水粉、水彩绘画技法 2. 风景水彩写生	园林绘画	36		√				
5	园林地形测绘	1. 园林地形测绘技术要点 2. 园林放线与标高控制	园林测量	30			√			
6	园林图纸抄绘与初步设计实训	1. 三视图投影技术要点 2. 三视图习题训练 3. 平立剖面图、透视图绘制	园林制图与设计初步	54	√	√				
7	园林计算机绘图项目实训	1. CAD工具与命令训练要点 2. 亭廊建筑平立剖面图绘制技巧	园林计算机辅助绘图	54		√	√			
8	园林建筑设计项目实训	1. 园林花架、亭廊、洗手间、大门建筑设计 2. 公园小型展室、茶室建筑设计	园林建筑设计	48			√			

序号	项目名称	教学内容	对应课程	学时	实践教学项目按学期安排					
					一	二	三	四	五	六
9	园林规划设计项目实训	1. 别墅花园街道绿地、广场、小游园规划设计 2. 居住区绿地、小型公园规划设计	园林规划设计	72			√	√		
10	园林建筑材料与构造项目实训	1. 园林建筑材料分类与特性比较 2. 园林建筑构造技术要点	园林建筑材料与构造	48				√		
11	园林工程项目实训	1. 园林场地竖向设计、停车场设计 2. 园林水景、假山、植物等工程施工技术要点	园林工程	48			√	√		
12	园林工程施工组织与管理项目实训	1. 园林工程施工组织设计 2. 园林工程施工招标、投标文件编制	园林工程施工组织与管理	40					√	
13	园林工程造价项目实训	1. 园林工程量的计算 2. 园林定额的应用 3. 园林工程造价编制	园林工程造价	46					√	
14	园林施工图设计	1. 园林施工图绘制标准、技术要求 2. 园林施工图系列训练	园林施工图设计	54					√	
15	温室花卉栽培	1. 园林花卉生态习性 2. 园林花卉栽培与养护	园林植物栽培技术	36				√		
16	园林参观与实训报告编写	1. 园林总体规划设计理念、风格定位、设计手法 2. 园林建筑设计要点 3. 园林植物造景技术与艺术	园林综合实训	60					√	
17	园林植物实践	1. 园林树木识别 2. 园林花卉识别 3. 草坪草识别	园林植物	72		√				
18	园林植物病虫害防治实践	1. 园林植物病虫害识别 2. 农药配制 3. 植物保护机械使用	园林植物病虫害防治	12				√		
19	插花与花艺设计实践	1. 花束的制作 2. 花篮的制作	插花与花艺设计	36				√		
合计				842						

注：每周按 30 学时计算。

3.3　教学安排说明

园林工程技术专业实行学分制时，建议总学分为 120～150，16～18 学时可换算为 1 个学分，各个学校依据各自办学的实际情况可适当调整。

园林工程技术专业校内实训及校内实训基地建设导则

1 总 则

1.0.1 为了加强和指导高职高专教育园林工程技术专业校内实训教学和实训基地建设，强化学生实践能力，提高人才培养质量，特制定本导则。

1.0.2 本导则依据园林工程技术专业学生的专业能力和知识的基本要求制定，是《高职高专教育园林工程技术专业教学基本要求》的重要组成部分。

1.0.3 本导则适用于园林工程技术专业校内实训教学和实训基地建设。

1.0.4 本专业校内实训与校外实训应相互衔接，实训基地与相关专业及课程实现资源共享。

1.0.5 园林工程技术专业的校内实训教学和实训基地建设，除应符合本导则外，尚应符合国家现行标准、政策的规定。

2 术 语

2.0.1 实训

在学校控制状态下，按照人才培养规律与目标，对学生进行职业能力训练的教学过程。

2.0.2 基本实训项目

与专业培养目标联系紧密，且学生必须在校内完成的职业能力训练项目。

2.0.3 选择实训项目

与专业培养目标联系紧密，根据学校实际情况，宜在学校开设的职业能力训练项目。

2.0.4 拓展实训项目

与专业培养目标相联系，体现专业发展特色，可在学校开展的职业能力训练项目。

2.0.5 实训基地

实训教学实施的场所，包括校内实训基地和校外实训基地。

2.0.6 共享性实训基地

与其他院校、专业、课程共用的实训基地。

2.0.7 理实一体化教学法

即理论实践一体化教学法，将专业理论课与专业实践课的教学环节进行整合，通过设定的教学任务，实现边教、边学、边做。

3 校内实训教学

3.1 一 般 规 定

3.1.1 园林工程技术专业必须开设本导则规定的基本实训项目，且应在校内完成。

3.1.2 园林工程技术专业应开设本导则规定的选择实训项目，且宜在校内完成。

3.1.3 学校可根据本校专业特色，选择开设拓展实训项目。

3.1.4 实训项目的训练环境宜符合建筑工程的真实环境。

3.1.5 本章所列实训项目，可根据学校所采用的课程模式、教学模式和实训教学条件，采取理实一体化教学或独立与理论教学进行训练；可按单个项目开展训练或多个项目综合开展训练。

3.2 基 本 实 训 项 目

3.2.1 本专业的校内基本实训项目应包括：植物树木识别；园林花卉识别；乔灌木栽植与养护；花卉栽植与养护；草坪建植与养护；大树移植与养护；园林小品设计；园林绿地规划设计；园林施工图设计；园林工程定额预算；园林工程定额计价编制；园林工程量清单计价；施工放线的方法；驳岸护坡施工；园路铺装；置石假山施工等项目。

3.2.2 本专业的基本实训项目应符合附表 3.2.2 的要求。

园林工程技术专业的基本实训项目　　　　　　　　　　　　　附表 3.2.2

序号	实训名称	能力目标	实训内容	实训方式	评价要求
1	园林植物识别实训	园林植物树木花卉识别	1. 植物观察 2. 树木识别 3. 园林花卉识别 4. 园林草坪	实操	根据实训过程、完成时间、实训结果、团队协作及实训后的场地整理进行评价
2	园林植物栽培实训	园林树木花卉栽植与养护	1. 乔灌木栽植与养护 2. 花卉栽植与养护 3. 草坪建植与养护 4. 大树移植与养护	实操	根据实训过程、完成时间、实训结果、团队协作及实训后的场地整理进行评价
3	园林规划设计实训	手绘、手工制图、计算机制图	1. 造景设计 2. 园林小品设计 3. 园林绿地规划设计 4. 园林施工图设计	实操	根据实训准备、操作过程和完成结果进行评价
4	园林工程施工组织管理实训	园林工程概预算、园林工程招投标	1. 园林工程定额预算 2. 园林工程定额计价编制 3. 园林工程量清单计价	实操	根据实训过程、完成时间、实训结果、团队协作及实训后的场地整理进行评价

序号	实训名称	能力目标	实训内容	实训方式	评价要求
5	园林工程施工实训	施工放线、园林水景工程施工、园路工程施工、园林假山工程施工、园林照明工程施工	1. 施工放线的方法 2. 排水管道施工 3. 驳岸施工 4. 护坡施工 5. 园路铺装 6. 假山施工 7. 置石施工 8. 照明灯具识别	实操	根据实训过程、完成时间、实训结果、团队协作及实训后的场地整理进行评价，根据学生实际操作的工艺过程、完成时间和结果进行评价，操作结果参照相应施工质量验收规范

3.3 选 择 实 训 项 目

3.3.1 园林工程技术专业的选择实训项目应包括精密测量仪器的使用和施工测量；园林花架、亭廊、洗手间、大门建筑设计；公园小型展室、茶室建筑设计；工程招投标；施工组织设计与施工图预算编制；施工现场布置等实训项目。

3.3.2 园林工程技术专业的选择实训项目应符合附表 3.3.2 的要求。

园林工程技术专业的选择实训项目　　　　　　　　附表 3.3.2

序号	实训名称	能力目标	实训内容	实训方式	评价要求
1	精密测量实训	能用精密测量仪器对一般工业与民用建筑工程进行测量放线	精密测量仪器的使用和施工测量	实操	根据实训准备、操作过程和完成结果进行评价
2	园林建筑设计项目实训	园林建筑设计	1. 园林花架、亭廊、洗手间、大门建筑设计 2. 公园小型展室、茶室建筑设计	实操	根据学生实际操作的过程、完成时间和结果进行评价
3	施工项目管理综合实训	能组织一般园林工程施工与管理	1. 工程招投标 2. 图纸深化与施工交底 3. 施工组织设计与施工图预算编制 4. 文明施工现场布置	技术经济文件编制与实操	根据学生对工程施工各种技术经济文件的编制和组织管理情况，参照《建设工程项目管理规范》GB/T 50326 规定进行评价

3.4 拓 展 实 训 项 目

3.4.1 园林工程技术专业可根据本校专业特色自主开设拓展实训项目。

3.4.2 园林工程技术专业开设园林规划设计综合实训和园林工程施工综合实训等拓展实训项目时，其能力目标、实训内容、实训方式、评价要求宜符合附表 3.4.2 的要求。

序号	实训名称	能力目标	实训内容	实训方式	评价要求
1	园林工程施工综合实训	1. 施工放线 2. 园林给排水工程施工 3. 园林水景工程施工 4. 园路工程施工 5. 园林假山工程施工 6. 园林照明工程施工综合能力	1. 喷泉施工 2. 移动式喷灌系统 3. 固定式喷灌系统 4. 假山模型制作 5. 钢骨架塑山 6. 塑石施工 7. 照明工程安装测试	实操	根据学生实际操作的工艺过程、完成时间和结果进行评价，操作结果参照相应施工质量验收规范进行评价
2	园林规划设计综合实训	1. 熟悉园林规划设计相关规范和技术要求 2. 居住区绿地设计 3. 单位附属绿地设计 4. 公园规划设计的基本创意方案	1. 广场景观规划设计 2. 休闲小游园设计 3. 居住区绿地景观规划设计 4. 小型公园设计 5. 熟悉园林规划设计施工图绘制技术要点 6. 具备园林规划设计常规施工图的绘制能力	实操	根据学生实际设计工作过程、完成时间和结果进行评价，规划设计成果参照相应规划设计规范进行评价

3.5 实 训 教 学 管 理

3.5.1 各院校应将实训教学项目列入专业培养方案，所开设的实训项目应符合本导则要求。

3.5.2 每个实训项目应有独立的教学大纲和考核标准。

3.5.3 学生的实训成绩应在学生学业评价中占一定的比例，独立开设且实训时间1周及以上的实训项目，应单独记载成绩。

4 校 内 实 训 基 地

4.1 一 般 规 定

4.1.1 校内实训基地的建设，应符合下列原则和要求：

　　1 因地制宜、开拓创新，具有实用性、先进性和效益性，满足学生职业能力培养的需要；

　　2 源于现场、高于现场，尽可能体现真实的职业环境，体现本专业领域新材料、新技术、新工艺、新设备；

3 实训设备应优先选用工程用设备。

4.1.2 各院校应根据学校区位、行业和专业特点，积极开展校企合作，探索共同建设生产性实训基地的有效途径，积极探索虚拟工艺、虚拟现场等实训新手段。

4.1.3 各院校应根据区域学校、专业以及企业布局情况，统筹规划、建设共享型实训基地，努力实现实训资源共享，发挥实训基地在实训教学、员工培训、技术研发等多方面的作用。

4.2 校内实训基地建设

4.2.1 基本实训项目的实训设备（设施）和实训室（场地）是开设本专业的基本条件，各院校应达到本节要求。

选择实训项目、拓展实训项目在校内完成时，其实训设备（设施）和实训室（场地）应符合本节要求。

4.2.2 园林工程技术专业校内实训基地的场地最小面积、主要设备名称及数量见附表4.2.2-1～附表4.2.2-5。

注：本导则按照1个教学班实训计算实训设备（设施）。

园林工程实训设备配置标准　　　　　　　　　　　附表 4.2.2-1

序号	实训任务	实训类别	主要实训设备（设施）名称	单位	数量	实训室（场地）面积
1	园林植物	基本实训	园林植物园 （种类：北方不少于100种，南方不少于200种）	种	1	不小于1000m²
			高枝剪	台	40	
			望远镜	台	5	
			照相机	台	5	
			放大镜	台	5	

园林植物栽培实训设备配置标准　　　　　　　　　　附表 4.2.2-2

序号	实训任务	实训类别	主要实训设备（设施）名称	单位	数量	实训室（场地）面积
2	园林植物栽培实训	基本实训	旋耕机	台	1	不小于1200m²
			播种机		1	
			草坪修剪机		1	
			打孔机		2	
			疏草机		2	
			施肥机		2	
			起重机		2	
			平板车		1	
			绿篱修剪机		2	
			高枝剪		2	
			割灌机		2	
			油锯		2	

序号	实训任务	实训类别	主要实训设备（设施）名称	单位	数量	实训室（场地）面积
3	园林规划设计实训	基本实训	展示台	台	5	不小于 100m²
			写生石膏像	个	5	
			多媒体教学系统	套	1	
			绘图桌	套	40	
			绘图仪	套	1	
			广播教学系统	套	1	
			教师机	台	40	
			计算机	台	1	
			打印机	台	2	
			照相机	台	2	
			扫描仪	台	1	
			彩色打印机	台	2	
			刻录机	台	1	
			Auto CAD 网络版软件	套	1	
			Photoshop 软件	套	1	
			3DMAX 软件	套	1	
			电脑激光雕刻切割机	台	2	
			打磨机	台	2	
			空压机	台	1	

园林工程施工组织管理设备配置标准　　　　　　　附表 4.2.2-4

序号	实训任务	实训类别	主要实训设备（设施）名称	单位	数量	实训室（场地）面积
4	园林工程施工组织管理	基本实训	计算机	台	45	不小于 120m²
			网络版预算软件	套	1	
			多媒体教学系统	套	1	
			广播教学系统	套	1	
			教师机	台	1	
			评标板	个	1	

园林工程施工实训设备配置标准　　　　　　　附表 4.2.2-5

序号	实训任务	实训类别	主要实训设备（设施）名称	单位	数量	实训室（场地）面积
5	园林工程施工	基本实训	罗盘仪	台	5	不小于 900m²
			经纬仪	台	5	
			水准仪	台	5	
			全站仪	台	5	
			移动式喷灌系统	套	1	
			各种喷灌喷头 10 种	个	100	
			离心水泵或潜水泵	台	2	

序号	实训任务	实训类别	主要实训设备（设施）名称	单位	数量	实训室（场地）面积
5	园林工程施工	基本实训	压力试验机	台	1	不小于 900m²
			电夯	台	2	
			安装工具	套	5	
			砂浆搅拌机	台	2	
			混凝土搅拌机	台	2	
			常见喷头 10 种	个	40	
			潜水泵	台	5	
			电器控制柜	台	1	
			平板振动器	台	2	
			切割机	台	2	
			起重机	台	1	
			脚手架	台	2	
			平板车	台	1	
			振动器	台	2	
			电焊机	台	2	
			园林照明灯具 20 种	个	200	
			安装工具	套	5	

4.3 校内实训基地运行管理

4.3.1 学校应设置校内实训基地管理机构，对实践教学资源进行统一规划，有效使用。

4.3.2 校内实训基地应配备专职管理人员，负责日常管理。

4.3.3 学校应建立并不断完善校内实训基地管理制度和相关规定，使实训基地的运行科学有序，探索开放式管理模式，充分发挥校内实训基地在人才培养中的作用。

4.3.4 学校应定期对校内实训基地设备进行检查和维护，保证设备的正常安全运行。

4.3.5 学校应有足额资金的投入，保证校内实训基地的运行和设施更新。

4.3.6 学校应建立校内实训基地考核评价制度，形成完整的校内实训基地考评体系。

5 实 训 师 资

5.1 一 般 规 定

5.1.1 实训教师应履行指导实训、管理实训学生和对实训进行考核评价的职责。实训教师可以专兼职。

5.1.2 学校应建立实训教师队伍建设的制度和措施，有计划对实训教师进行培训。

5.2 实训师资数量及结构

5.2.1 学校应依据实训教学任务、学生人数合理配置实训教师，每个实训项目不宜少于2人。

5.2.2 各院校应努力建设专兼结合的实训教师队伍，专兼职比例宜为1：1。

5.3 实训师资能力及水平

5.3.1 学校专任实训教师应熟练掌握相应实训项目的技能，宜具有工程实践经验及相关职业资格证书，具备中级（含中级）以上专业技术职务。

5.3.2 企业兼职实训教师应具备本专业理论知识和实践经验，经过教育理论培训；指导工种实训的兼职教师应具备相应专业技术等级证书，其余兼职教师应具有中级及以上专业技术职务。

附录A 校外实训

A.1 一般规定

A.1.1 校外实训是学生职业能力培养的重要环节，各院校应高度重视，科学实施。

A.1.2 校外实训，应以实际工程项目为依托，以实际工作岗位为载体，侧重于学生职业综合能力的培养。

A.2 校外实训基地

A.2.1 园林工程技术专业校外实训基地应建立在二级及以上资质的房屋建筑工程施工总承包和专业承包企业。

A.2.2 校外实训基地应能提供与本专业培养目标相适应的职业岗位，并宜对学生实施轮岗实训。

A.2.3 校外实训基地应具备符合学生实训的场所和设施，具备必要的学习及生活条件，并配置专业人员指导学生实训。

A.3 校外实训管理

A.3.1 校企双方应签订协议，明确责任，建立有效的实习管理工作制度。

A.3.2 校企双方应有专门机构和专门人员对学生实训进行管理和指导。

A.3.3 校企双方应共同制定学生实训安全制度，采取相应措施保证学生实训安全，学校应为学生购买意外伤害保险。

A.3.4 校企双方应共同成立学生校外实训考核评价机构，共同制定考核评价体系，共同实施校外实训考核评价。

附录 B　本导则引用标准

1. 建筑制图标准 GB /T 50104
2. 民用建筑设计通则 GB 50352
3. 建筑节能工程施工质量验收规范 GB 50411
4. 建设工程工程量清单计价规范 GB 50500
5. 建设工程项目管理规范 GB/T 50326
6. 建筑施工组织设计规范 GB/T 50502
7. 建筑施工安全检查标准 JGJ 59
8. 建筑地面工程施工质量验收规范 GB 50209
9. 公园设计规范 CJJ 45—92
10. 城市居住区规划设计规范 GB 50180—93
11. 城市道路绿化规划与设计规范 CJJ 75—97
12. 城市绿化工程施工及验收规范 CJJ/T 83—99
13. 园林植物养护管理技术规程 DB33/T 1009.6—2001

本导则用词说明

为了便于在执行本导则条文时区别对待，对要求严格程度不同的用词说明如下：

1. 表示很严格，非这样做不可的用词：
   正面词采用"必须"；
   反面词采用"严禁"。

2. 表示严格，在正常情况下均应这样做的用词：
   正面词采用"应"；
   反面词采用"不应"或"不得"。

3. 表示允许稍有选择，在条件许可时首先应这样做的用词：
   正面词采用"宜"或"可"；
   反面词采用"不宜"。